調べよう！
わたしたちのまちの施設

清掃工場とリサイクル

東京都杉並区天沼小学校教諭　**新宅直人**　**指導**

3

小峰書店

もくじ

清掃工場とリサイクル ③

3 ごみは最後にどうなるの？

4 ごみをもっとへらすために

ここは、清掃工場だ！

清掃工場は、何をするところでしょうか。
はたらく人は、どのような仕事をしているのでしょうか。

やあ、
ぼくはごみたん。
清掃工場について、きみは
何を知っているかな？
ぼくといっしょに、
清掃工場のやくわりを
調べてみよう。

東京都にある杉並清掃工場です。2017年に建てかえられた新しい工場です。中でどのような仕事をしているかを見ることができる見学会も、開かれています。

今日は、もやすごみの収集日！

今日は、もやすごみの日です。ごみ収集車がごみ収集所にやってきて、生ごみなどのもやすごみを運んでいきます。ごみは、もやすごみのほかに、もやさないごみ、粗大ごみ、資源ごみに分かれていて、それぞれ収集日がちがいます。これは、ごみの種類によって処理のしかたがちがうからです。

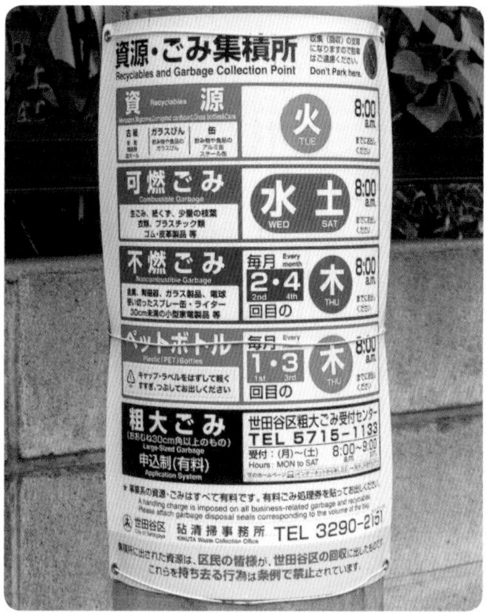

ごみの種類ごとの収集日の決まりが書かれたはり紙。

●ごみの種類と、そのゆくえ

ごみの分け方と処理のしかたは、市や町によってちがう。これは、東京 23 区の場合の図。

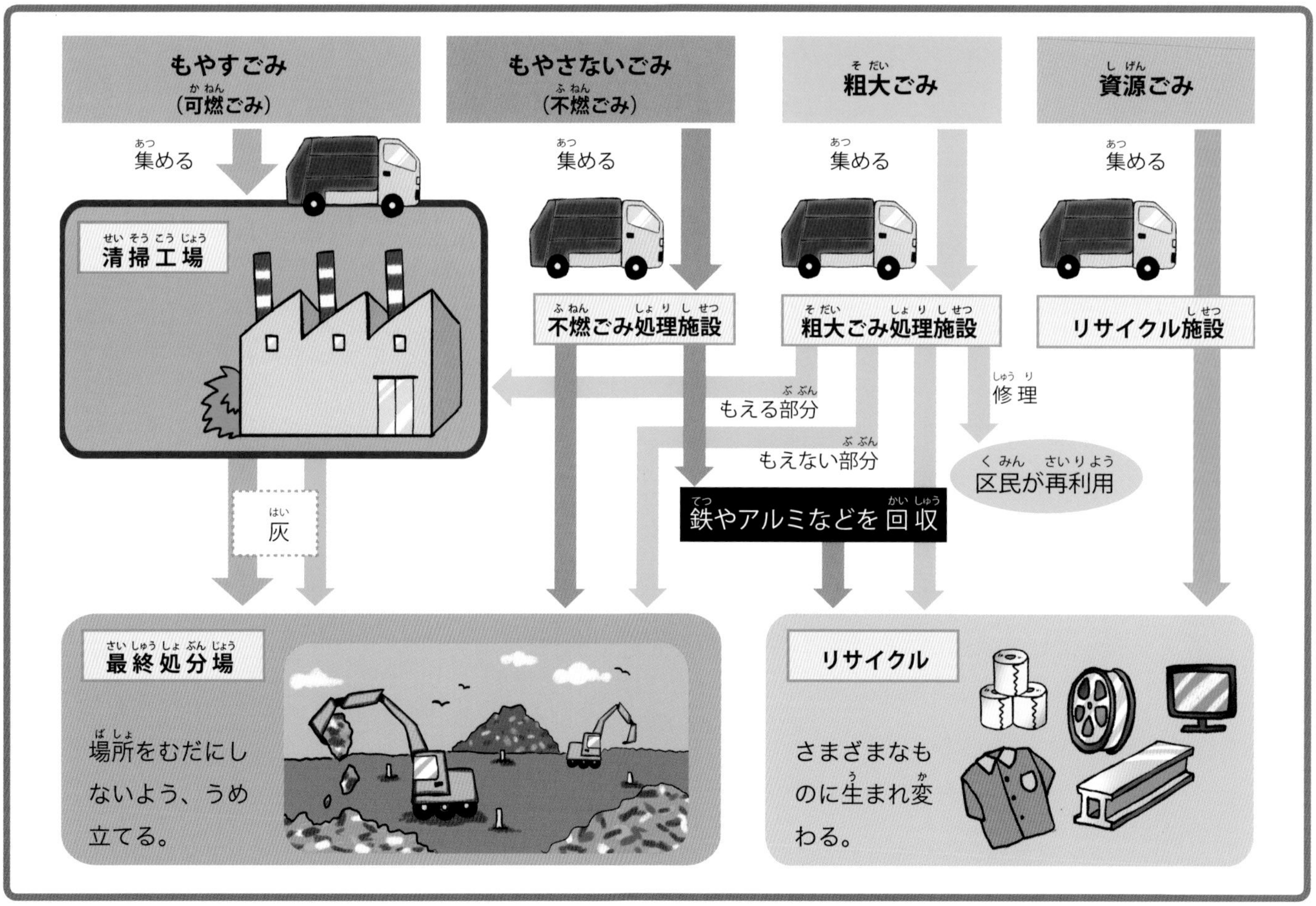

ごみ収集所に出されたごみを、ごみ収集車につみこむ人。安全のためにヘルメットをかぶっている。つみこみの作業をしているときは、ごみ収集車の「作業中」の文字が光って、後ろからくる車などに知らせている。

もやすごみの日は、
もやせるごみしか運ばない。
もやさないごみを
出していても、持っていって
もらえないんだ。

1 清掃工場ってどんなところ？

清掃工場のやくわり

それぞれの家庭やお店では、毎日ごみが出ます。清掃工場は、集められたたくさんのごみをもやして、灰にしています。

清掃工場は、住んでいる場所によって、「ごみ処理場」や「クリーンセンター」、「清掃センター」などとよばれることもあるよ。

1 ごみをもやして ごみの量をへらす

清掃工場の焼却炉。焼却炉でごみをもやすと、灰になって量が20分の1にへる。それによって、うめる場所を少なくできる。

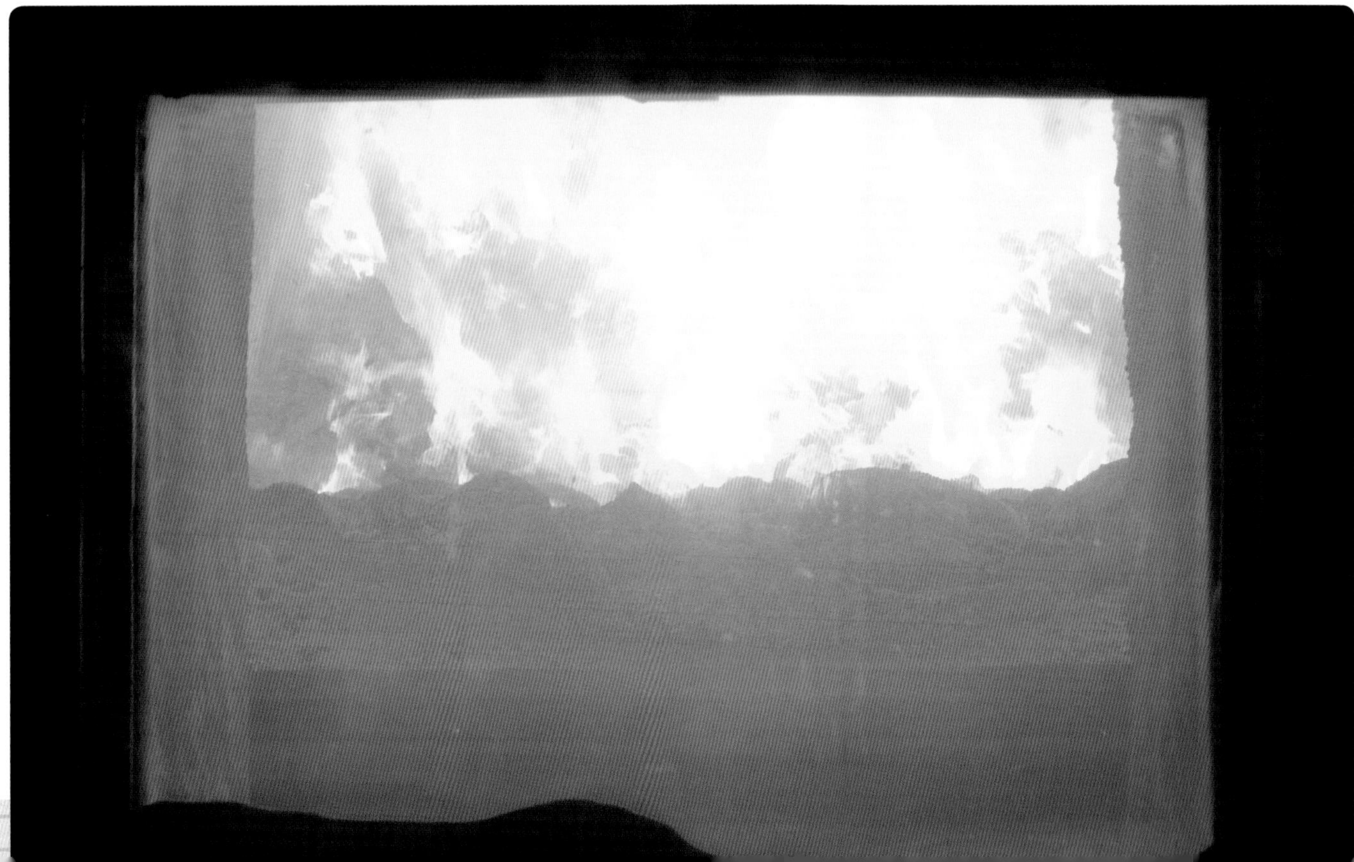

②

ごみをもやして、ばい菌や害虫、いやなにおいをふせぐ

清掃工場でごみをもやすと、ごみの中のばい菌や害虫もいなくなる。そのため、清掃工場のえんとつからいやなにおいやけむりが出ることがないので、まわりの空気や自然をよごさないですむ。

③

ごみをもやすときに出る体によくないものを取りのぞく

よごれた水をきれいにする場所。清掃工場で出る水も、きれいにされてから下水道に流される。

ごみをもやすときに出るけむりには、体によくないものもふくまれている。そのため、ろ過式集じん器で体によくないものを取りのぞいてから、けむりを外に出している。

1　清掃工場ってどんなところ？

清掃工場をさがそう！

みんなの住むまちにも、清掃工場はあるでしょうか。地図を見て、どこにあるか、さがしてみましょう。

みんなの住む場所の近くにも、清掃工場があるはず。どんな場所にあるか、調べてみよう！

地図帳でさがしてみよう

　まずは、自分の住む都道府県が、日本のどのあたりにあるか、そして、市が、都道府県のどのあたりにあるか、地図帳でさがしてみましょう。

東京23区の場合

清掃工場はどこにあるかな？

これは、東京23区の地図です。２種類のマークがあり、清掃工場のある場所をしめしています。

地図を見ると、東京23区には、杉並清掃工場のほかにもたくさんの清掃工場があることがわかります。

※工場は20～30年くらいで建てかえられます。

杉並清掃工場がある場所のとくちょう

★近くに公園がある。

★大きな道ぞいにある。

★人がおおぜい住む場所にある。

清掃工場の誕生と歩み

清掃工場は、いつごろつくられたのでしょうか。昔は、どんなようすだったのでしょう。東京都の杉並清掃工場を例に、見てみましょう。

100年くらい前 ごみ処理場ができる

まだ清掃工場がなかったころ、東京ではコレラというおそろしい病気が流行しました。コレラはばい菌によって広がります。そのため、ばい菌をふやさないよう、ごみをもやすことになり、東京ではじめてのごみ焼却場がつくられました。

100年くらい前に、東京にはじめてできた大崎塵芥焼却場。

60年くらい前 清掃工場への反対

60年くらい前から、人びとの生活がゆたかになり、それとともにごみもふえました。このころ杉並区に清掃工場をつくることが決まりましたが、においなどを気にして、近くに住む人の多くが反対しました。

やがて東京全体で、清掃工場をどこにつくったらよいか話しあうようになりました。杉並区に清掃工場をつくる計画はなかなか進みませんでした。

年	東京の清掃工場のおもなできごと
1886	東京で、コレラが流行する
1924	大崎塵芥焼却場ができる
1929	深川塵芥処理工場ができる
1945	大きな戦争(第二次世界大戦)が終わる
1966	杉並区に清掃工場をつくることが決まる

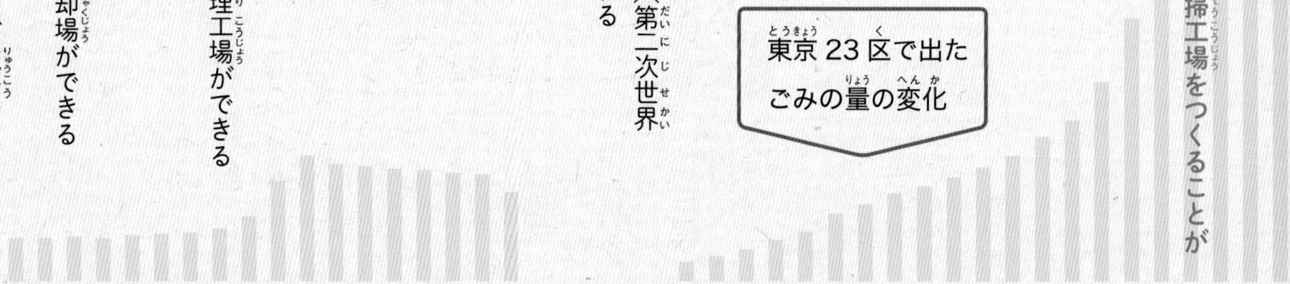

＊1942～1946年は、戦争のため記録なし。

35年くらい前 清掃工場ができる

杉並区の人びとは、清掃工場をつくることについて何度も話しあいをしました。しだいに、自分たちが出したごみを区内で処理しなくてはいけないと考え、杉並区に清掃工場をつくる計画を受けいれる人がふえていきました。そして1982年、杉並清掃工場ができたのです。

35年くらい前にできた杉並清掃工場。

今 清掃工場が新しくなる

杉並清掃工場は、ごみをもやす焼却炉が古くなったので、新しく建てかえることになりました。今の日本の清掃工場の焼却炉は、世界とくらべてとてもすぐれていて、ばい菌やにおいが出ることがほとんどありません。清掃工場のすぐれた技術を、外国の人にも教えています。

杉並清掃工場の中のようす。工場のほとんどの機械が、コンピューターの命令で自動で動いている。

1989年
490万トン
2017年
277万トン
1971
○東京都知事が「東京ごみ戦争」がおこったと宣言する
1982
●杉並清掃工場ができる
東京では、ごみの量がふえて、とてもこまった歴史があるんだね。今では、みんなの努力でへってきたんだ。
2000
○国が、ごみのリデュース、リユース、リサイクルを進めるための決まりをつくる
2009
○プラスチックごみの再利用をはじめる
2017
●杉並清掃工場が新しくなる

1 清掃工場ってどんなところ?

変わるごみ処理のようす

昔も今も、生活の中からごみはかならず出ます。東京でのごみ処理は、どんなふうに変わったのでしょうか?

昔 ごみは自分たちでかたづける

昔の人びとは、こわれたものを直して使ったり、生ごみを肥料にしたりしてくらしていました。どうしても出るごみは、近くの川やあき地にすてていたのです。

東京に人がふえると、ごみもふえました。今から 120 年くらい前には、役所がごみをすてる箱をおいて集めるようになりましたが、焼却炉はまだなかったので、集められたごみは海辺にすてられたり、もやされたりしていました。

焼却炉がないころの東京では、海辺など、まちからはなれた場所にごみを集めてもやすこともあった。そのときに出るけむりや、たくさんのハエ、においは、近くの住民をなやませた。

100年くらい前 工場でごみをもやす

東京は、人口といっしょにごみがふえつづけ、だんだん住みにくいまちになってしまいました。そこで、ごみを集めて大きな焼却炉でもやすことになりました。今から 100 年くらい前に、大崎塵芥焼却場がつくられ、そののち、深川塵芥処理工場もつくられました。

大崎塵芥焼却場で、ごみをもやすようす。このように大きなかまどでごみをもやすやり方は、このときから 40 年間、変わらなかった。

90 年前にできた深川塵芥処理工場。いきおいよくたちのぼるけむりには、体によくないものもふくまれていた。

50年くらい前 ごみを分けて出す

いろいろなごみをいっしょにもやすと、体によくないすすなどが出ます。それによって空気や水がよごれてしまい、公害問題になっていきました。そこで国や市では、環境を守るためにごみの出し方などの決まりをつくりました。また、もやすごみ、もやさないごみ、資源ごみを分けて出す分別収集も広がっていきました。

50年くらい前、ごみ集めに使われはじめたロードパッカー車。もやすごみと、もやさないごみに分けて集めたが、まだきっちりとは分別されていなかった。

みんなで知恵を
出しあって、ごみ処理の
しくみをつくり、
まちを住みやすく
したんだ。

30年くらい前〜今 最終処分場が残り少なくなる

ごみをもやしたあとに出る灰やもやせないごみは、最後に最終処分場にうめ立てられますが、処分場が残り少なくなっていくことが問題になりました。そのため、リサイクルなどのごみをへらすくふうが広がりました。使い終わった小型家電を市が集めてリサイクルするなど、ごみをへらす方法は考えつづけられています。

今の最終処分場のようす。ごみをもやしたあとにできた灰をすてている。

30年前の最終処分場のようす。もやすごみが多すぎたため、全部をもやすことができず、一部はそのままうめ立てられていた。

2 清掃工場に行ってみよう

清掃工場を調べよう！

清掃工場には、どんな人がいて、どんな仕事をしているのでしょうか。ここでは、杉並清掃工場を例に、清掃工場のようすをしょうかいします。

みんなの
住んでいるまちでは、
どんなものが、
もやすごみかな。
調べてみよう。

① ごみ計量機

清掃工場の入り口には、ごみの重さをはかるはかりがあります。もやすごみを家やお店から集めて運んできたごみ収集車は、ここで、ごみをのせたまま重さをはかります。

車といっしょに、ごみの重さをはかっているところ。1 台に 1200kg ほどのごみがつまれている。

●清掃工場のしくみ

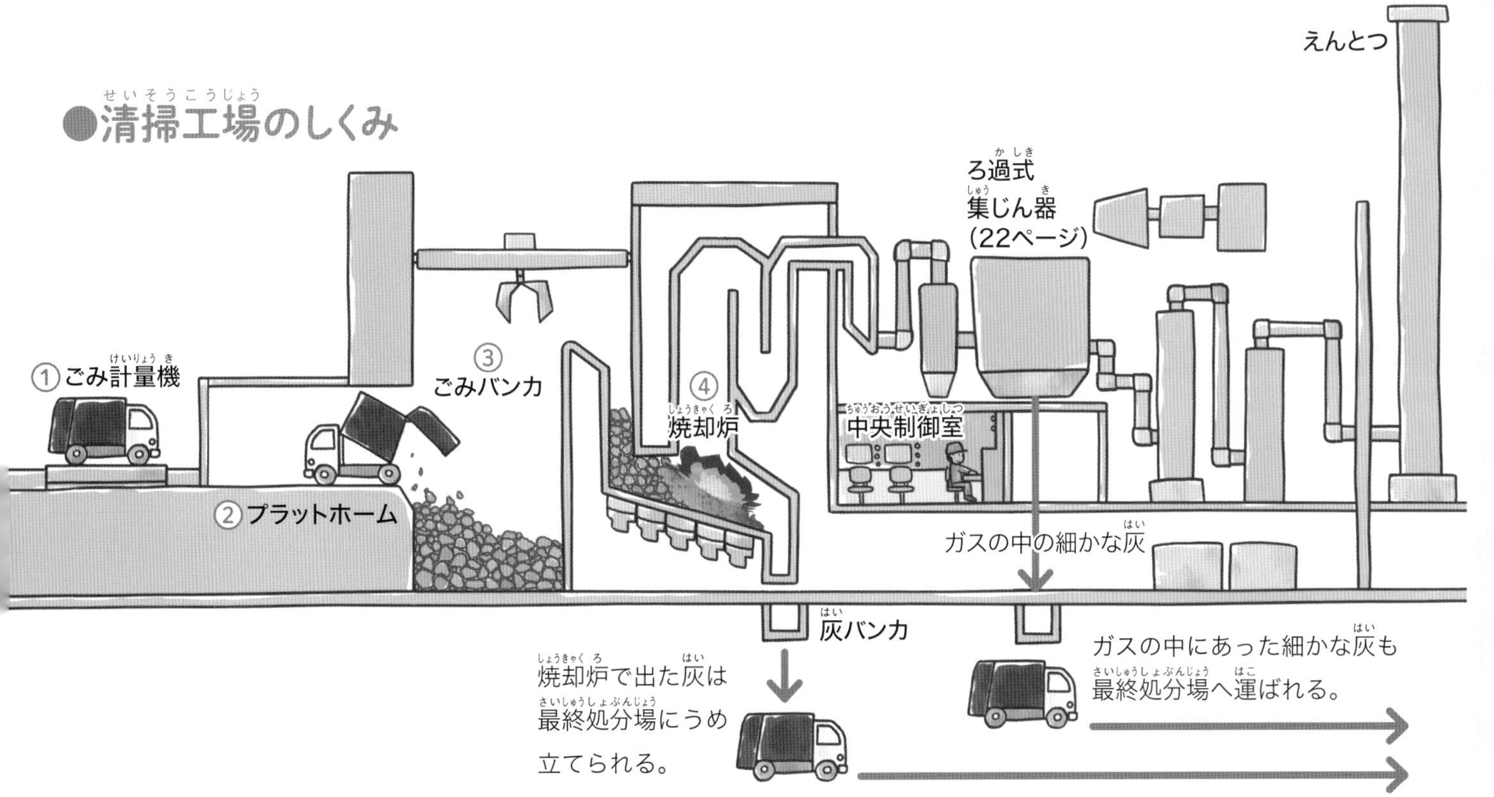

② プラットホーム

重さをはかったごみ収集車は、つぎにプラットホームに入り、ごみをごみバンカにおろします。ここにはごみ収集車が何台も入ってくるので、おたがいにぶつからないように、コンピューターがごみをおろす場所を決めています。

決められた場所に入って、車の後ろから、ごみバンカにごみをおろす。

2 清掃工場に行ってみよう

③ ごみバンカ

ごみ収集車からおろされたごみは、ごみバンカに入ります。ここでは、たくさんのごみをクレーンで何度も持ちあげてまぜています。こうすると、もえやすいごみともえにくいごみがかたよらず、まんべんなくもえるようになります。

ごみバンカを上から見下ろしたところ。ごみ収集車がごみをおろしているのが見える。

焼却炉への投入口
15
クレーンは、一度にごみ収集車3台分のごみをつかめるんだって！

巨大なロボットのようなクレーンが、ごみをつかんで持ちあげているところ。ごみバンカの中の空気は、外にもれないようになっている。

クレーンを動かすための操作室。コンピューターによってほとんど自動で動いているので、そばに人がいない時間が多い。

④ 焼却炉

焼却炉は、ごみをもやすかまです。ごみバンカのごみは、クレーンが少しずつ焼却炉に運びます。そして、800度をこえる高い温度でていねいにもやします。

ごみは、もえはじめると燃料なしでもえつづける。ごみそのものが燃料になるからだ。

●焼却炉のしくみ

焼却炉の中は階段のようになっていて、ごみはもえながら、ここを転がり落ちていく。ごみがとちゅうで止まらないよう、階段が一段おきに動くしくみ。また、階段のすきまから空気を送って、ごみがよくもえるようにしている。

はたらく人に教えてもらったよ

清掃工場の運転係

清掃工場では、焼却炉が24時間、動いています。焼却炉の運転をしている人に、仕事について話を聞きました。

交代のときには、今日どんなことがあったかを、つぎの人に細かくつたえるよ。

交代しながら焼却炉を24時間運転

焼却炉は一度止めると、動かすまでに時間がかかります。清掃工場にはたくさんのごみが運びこまれるので、焼却炉を休ませるわけにはいきません。そのため、わたしたちは、昼と夜、交代ではたらいて、焼却炉を24時間動かしつづけるようにしています。

交代のときには、聞きまちがえがないよう、みんなで画面を見ながら話すようにしています。

機械のはたらきを調べる

もやすごみによって、もえ方が変わります。もえ方を見て、うまくもえていないときは、機械がこしょうしていないかをたしかめます。また、清掃工場の中を回って、自分の目で機械の点検をします。機械に問題がおこったら、機械の修理をする人につたえて、直してもらいます。

もえ方はいつも変化しているので、いくつかの画面でたしかめます。ほんの少しの時間も、気がぬけません。

もえぐあいを目で見てたしかめる

焼却炉の中のようすは、のぞきまどから見ることができます。ごみのもえぐあいは、メーターやコンピューターの画面だけでなく、自分の目で見てたしかめることも大切です。

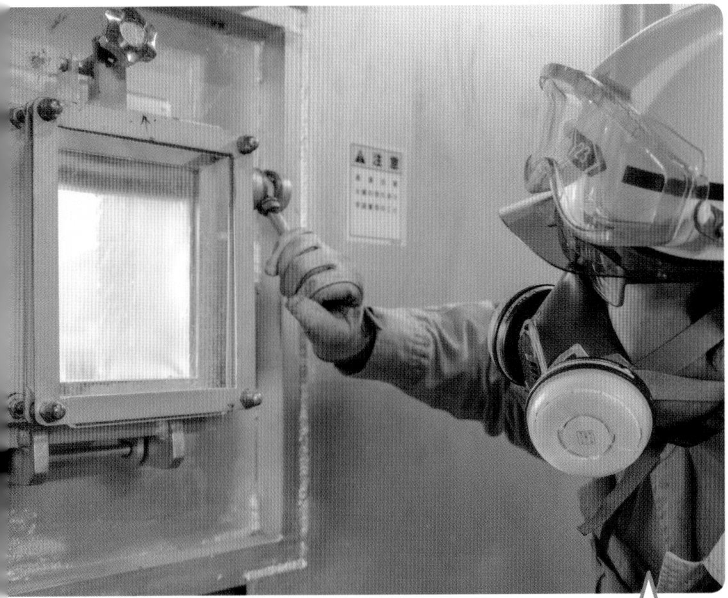

のぞき窓から注意して見ると、モニター画面を見ているだけではわからないことに気づくこともあります。

ごみをしっかり分別してほしい

もやすごみとして集められたものの中にも、ぬれたものなどのもえにくいごみがまじっています。これらをもやすと、焼却炉の温度が下がってしまい、体に悪いガスが出ることもあります。ごみを出すときはしっかり分別し、生ごみなどはよく水を切ってから、出してください。金属はもえないので、小さな物でも入れないでください。

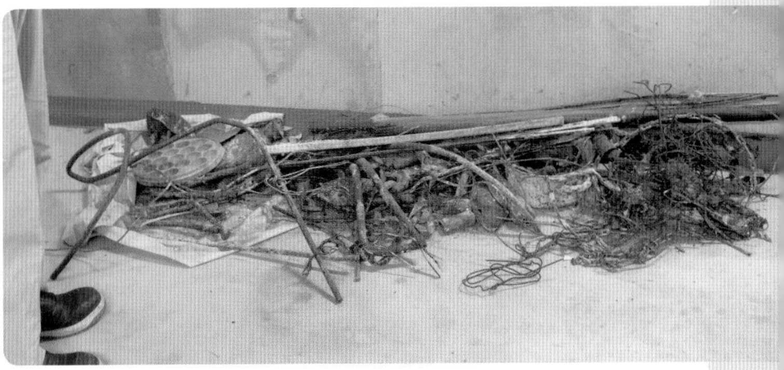

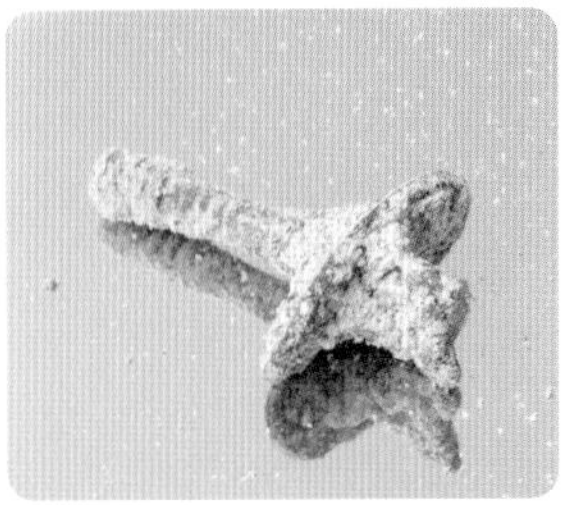

上の写真は、焼却炉の中で引っかかっていた金属。もやすごみの中にまじっていた。左の写真は、灰の中にあったねじ。小さな物でも、集まってかたまりになると焼却炉が止まることもある。

焼却炉の運転は、一年じゅう止まらない？

焼却炉は、１年に２回だけ運転を止めて点検します。焼却炉の中はいつも高温なので、人が入れる温度まで下げるには、運転を止めてから何日もかかります。また、点検後に焼却炉を動かしはじめてから、ごみをもやせる 800 度をこえる温度に上がるまでにも、時間がかかります。

焼却炉の中に入って、こわれているところや、いたんでいるところがないか、点検するようす。

2 清掃工場に行ってみよう

けむり・水・灰の処理をする

　ごみをもやすときに出るけむりは、目の細かい布や薬などを使って体に悪いものを取りのぞいたあと、えんとつから外に出します。けむりをきれいにするために使った水は、機械でよごれを取りのぞき、検査して安全をたしかめてから下水道に流します。
　灰も検査をします。なかには、灰を高温でとかして再利用している清掃工場もあります。

高温でとかす

ごみをもやしたあとにできた灰と、その灰を高い温度でとかしてできたスラグ。スラグは、道路のほそうなどに利用されている。

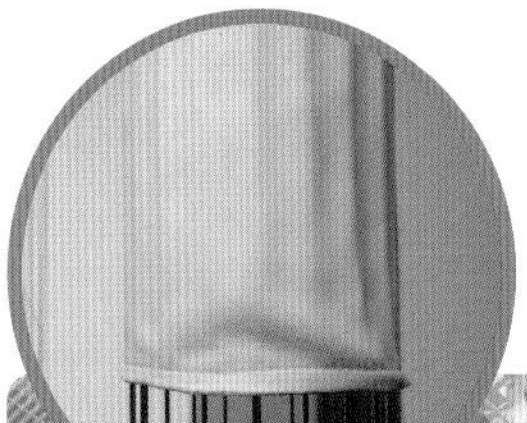

白い布のようなものをかぶせたつつが、中にたくさんある。その布にすすをくっつける。

けむりの中のすすを集めて取りのぞく、ろ過式集じん器。

知ってる？ 熱を利用するくふう

　ごみをもやすときには、たくさんの熱が出ます。この熱は、建物の暖房や、温水プールの水をあたためるのに利用されています。また、清掃工場には電気をつくる機械もあり、発電に使われています。つくった電気は清掃工場で使い、あまった電気は電力会社へ売っています。

清掃工場の中では、ごみをもやすときの熱を使って電気をつくる。どのくらいつくられているかが、ひとめでわかる。

ごみをもやすときに出た熱を利用している温水プール。清掃工場のすぐ近くにつくられることが多い。

はたらく人に教えてもらったよ

けむりや水を検査する係

工場から出るけむりや水の検査をする人に、仕事について話を聞きました。

工場から出る水をくみに来ました。ここでは、空気中の細かな灰をすいこまないように、マスクをつけます。

けむりや水のほかに、清掃工場から出るそう音やしん動なども調べているんだって。

清掃工場から出る水を検査する

清掃工場から出る水の中に、体に害をあたえるものが入っていないかどうかを検査します。安全な水でなければ、下水道に流せません。悪いものが多くふくまれている場合には、焼却炉の運転を止めて、原因を調べます。

灰やけむりを検査する

ごみをもやしたあとの灰や、もやすときに出るけむりも、体に害をあたえるものが入っていないかを調べています。清掃工場から出るものはすべて、安全にしてから外へ出します。まわりに住む人たちの健康を守るために、大切な仕事です。

工場から出る水に薬を入れて、変化のしかたをたしかめます。悪いものがどれくらい入っているかがわかります。

これが、ごみをもやしたあとの焼却灰です。これを水にとかし、薬などを使って、安全かどうか調べています。

粗大ごみ処理施設を調べよう

たんすのような大きなごみを、粗大ごみといいます。粗大ごみは、どのように処理されるのでしょうか。ここでは、東京 23 区の粗大ごみ処理センターを例に、粗大ごみ処理施設のようすをしょうかいします。

東京 23 区の粗大ごみ処理センター。東京湾のうめ立て地にある。

杉並区の粗大ごみの例

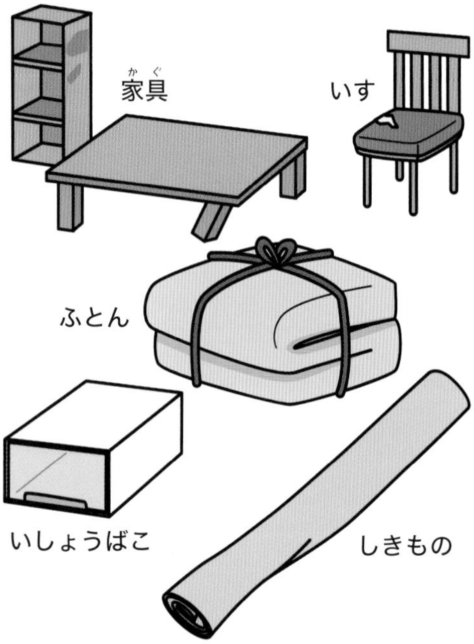

杉並区で出される粗大ごみは、ふとん、家具、いす、いしょうばこ、しきもののじゅんばんで多い。

粗大ごみ処理施設のやくわり

昔は、粗大ごみをそのまま最終処分場へ運んでうめていました。しかし今では、粗大ごみ処理施設で、粗大ごみを細かくくだいて、ふたたび使うことができる鉄などを取り出し、量をへらしています。

1　ごみを分ける

運ばれてきた粗大ごみは、まず人の手で、もやせるものと、もやせないものに分けられます。鉄などは、とかして再利用できるので、べつの工場に送られます。

また、まだ使えそうな粗大ごみは、修理してリサイクル施設などで売ることもあります。

もやせる粗大ごみ。たたみなどもふくまれる。

もやせない粗大ごみ。

2　くだいて細かくする

粗大ごみのうち、もやせるものは破砕機という機械に入れ、高速で回るハンマーで15cmより小さくなるようにくだきます。くだいたあとは、もやせるもの、もやせないもの、鉄に分けます。

たくさんのハンマーがつけられた機械。ハンマーはかたい鉄でできているが、すぐにすりへってしまうので、数か月で取りかえなければならない。

ハンマーでくだかれたごみ。細かくすれば、もやせる部分ともやせない部分、鉄に分けやすい。

もやせるもの

清掃工場へ運び、もやして灰にする。

もやせないもの

最終処分場にうめられる。

鉄

磁石のちからで取り出した鉄。とかして、ふたたび使う。

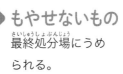

3 ごみは最後にどうなるの？

最終処分場を調べよう

ごみは、もやされたりくだかれたりしたあと、最終処分場に運ばれます。ここでは、東京湾にある処分場を例に、最終処分場のようすをしょうかいします。

ごみが最後にたどりつく場所

もやせるごみをもやしたあとの灰、細かくくだいた粗大ごみやもやせないごみは、最終処分場に運ばれます。東京湾をうめ立ててつくった東京都の最終処分場は、東京ドーム 110 こ分の広さがあります。

空から見た東京湾の最終処分場。

東京湾の新海面処分場。20 年ほど前から、ごみのうめ立てがおこなわれている。

かさばらないようにうめる

ごみは、土をかぶせながら、うめ立てます。これによって、ごみがちらばったり、においや害虫が出たりすることなく、場所をとらずにうめることができるのです。

●うめ立て作業の流れ

最終処分場に運ばれてきたごみは、まず重さがはかられます。そのあとで、決められた場所におろされます。おろされたごみはブルドーザーなどでならされて、その上に土がかぶせられます。

1

受付の門で、ごみの重さをはかる。

2

決められた場所に、ごみをおろす。

3

おろしたごみに土をかぶせていく。

4

ごみに土をすっかりかぶせたところ。

ごみがかさばらないようにして、最終処分場をできるだけ長く使おうとしているんだ。

●ごみと土のサンドイッチ

最終処分場では、ごみが3mたまったら、その上に土を50㎝かぶせます。これをくり返して、ごみと土をじゅんばんに重ねていきます。これをサンドイッチ工法といいます。

サンドイッチ工法のよいところ

①ごみが風でちらばるのをふせぐ。
②ごみからにおいが出るのをふせぐ。
③ごみから害虫が発生しにくくなる。
④ごみから火事がおこりにくくなる。

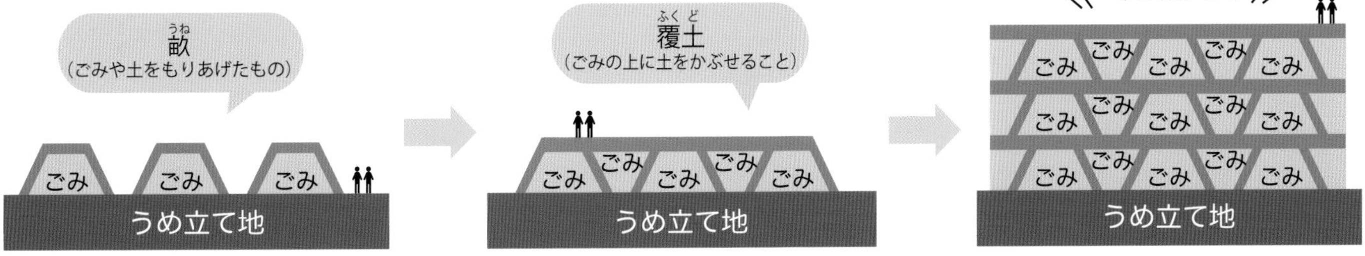

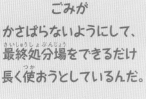

3 ごみは最後にどうなるの？

安全のためのくふう

うめ立てたごみは、時間がたつともえやすいガスを出します。このガスがたまると、火事になるおそれがあります。そのため、うめ立てたところにパイプをさしこんで、ガスをにがしています。また、火事になりにくいように、散水車で水をまくこともあります。

ごみから出たガスをぬくためのパイプ。

火事をふせぐため、うめ立て地に水をまく散水車。

知ってる？ 最終処分場にはかぎりがある

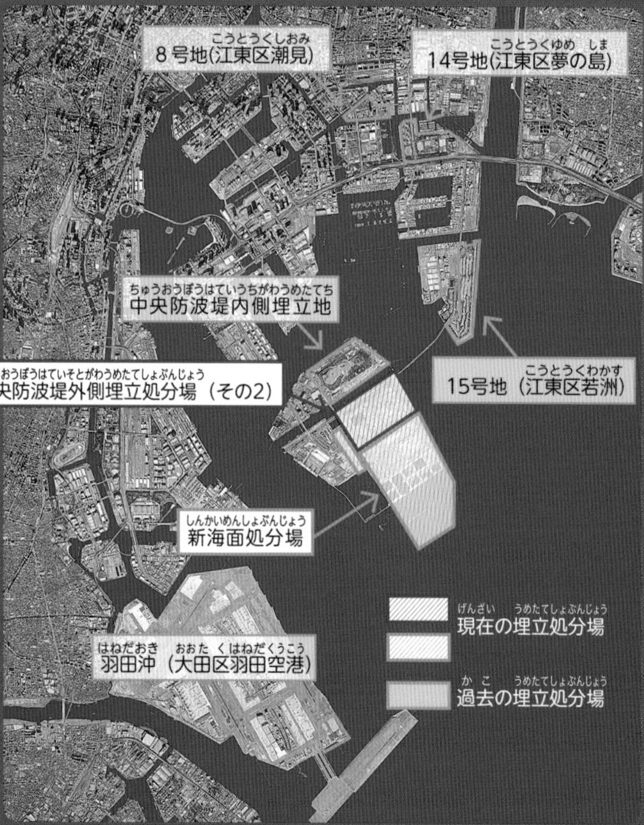

東京湾では、昔からごみのうめ立てがおこなわれてきました。今の最終処分場は、1977年からうめ立てがはじまりました。このうめ立て地はとても広いのですが、あと50年くらいでいっぱいになるともいわれています。

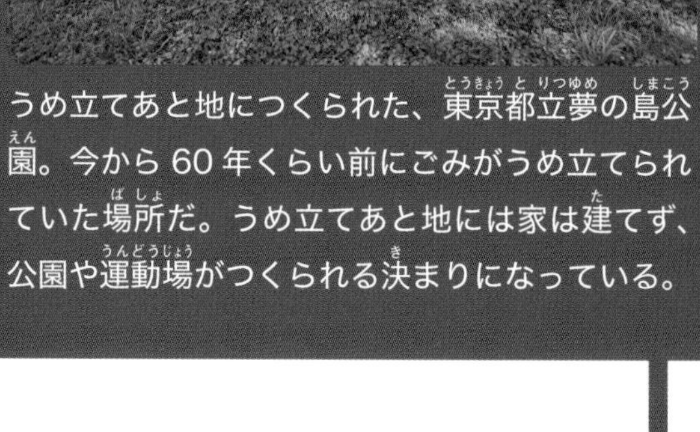

うめ立てあと地につくられた、東京都立夢の島公園。今から60年くらい前にごみがうめ立てられていた場所だ。うめ立てあと地には家は建てず、公園や運動場がつくられる決まりになっている。

しみこんだ水をきれいにする

ごみのうめ立て地に雨がふると、よごれた雨水が地面にしみこんでしまいます。そのため、最終処分場では、しみこんだ水を集め、環境に悪いものをへらしてから下水処理場へ流しています。

うめ立て地にしみこんだ水を集める集水池。最終処分場の中に 16 か所ある。

うめ立て地の排水処理場。ここで水をきれいにする。よごれを取りのぞいた水を、下水道局の砂町水再生センターでさらにきれいにしてから、東京湾に流す。

知ってる？ 陸地につくられた最終処分場

ごみの最終処分場がつくられているのは、海だけではありません。海から遠い場所では、山の中などに最終処分場がつくられています。このような陸地の最終処分場では、よごれた水が流れ出して山や川をよごすことがないように、シートなどをしいた上にごみをうめています。

山につくられた最終処分場では、地面にしみこんだ水を集め、機械を使ってきれいにしている。

ワンステップアップ!

新しいごみの問題

最近は、災害のときに出るごみが問題になっています。また、プラスチックごみが海に流れこみ、いろいろな生き物に害をあたえています。

災害ごみの問題

大地震や台風、大雨のような災害がおこった場所では、こわれた家具や水をかぶったふとんなど、たくさんの粗大ごみが出ます。これらを長い間そのままにすると、ばい菌による病気が広がったり、いやなにおいが発生したりします。そのため、災害ごみをどのようにかたづけるかが、大きな問題になっています。

道路に山のようにつみあがった災害ごみ。台風などで家が水びたしになると、使えなくなった家具やふとん、たたみなどをすてることになる。

災害ごみが出たときは、災害にあわなかった市の清掃工場が、少しずつ手伝っているよ。

2019年、長野県での台風では多くの災害ごみが出た。愛知県名古屋市のごみ収集車が、応援にかけつけたところ。ほかのいくつかの県や市も、協力した。

プラスチックごみの問題

すてられたプラスチック製品や、下水道を流れたプラスチックのかけらが大量に海に流れこんで、海をよごしています。一部のプラスチックは、マイクロプラスチックとよばれる目に見えないほどの小さなかけらになります。こうしたプラスチックを、クジラやウミガメなど多くの生き物が飲みこんで死んでいます。そのため、最近では、使いすてのプラスチックストローを禁止する国もあります。

写真：アフロ

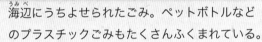

海辺にうちよせられたごみ。ペットボトルなどのプラスチックごみもたくさんふくまれている。

死んだクジラの胃の中から、たくさんのプラスチックごみが見つかった。このように、多くの海の生き物が、プラスチックごみの被害にあっている。

紙でできたストロー。紙は時間がたてば土にもどるため、生き物への害も少ない。

今は、何度も使える、
マイストローもあるよ。
これを持ち歩く人も
ふえているんだ。

4 ごみをもっとへらすために

分別で進んだリサイクル

ものを使い終わったあと、資源としてふたたび使うことを、リサイクルといいます。今は、どの市や町でも、ごみを分別し、できるだけリサイクルするようにしています。

リサイクルをするわけ

資源にはかぎりがあるので、いつかなくなってしまいます。また、ごみの処理には、場所やお金が必要です。そのため、すてずにリサイクルすることが大事なのです。

ごみを出す前に分別する

リサイクルの方法はものによってちがうので、ごみを正しく分別しておくと、リサイクルが楽になります。資源ごみは、古紙、だんボール、ペットボトルなど、細かく分けて収集しています。

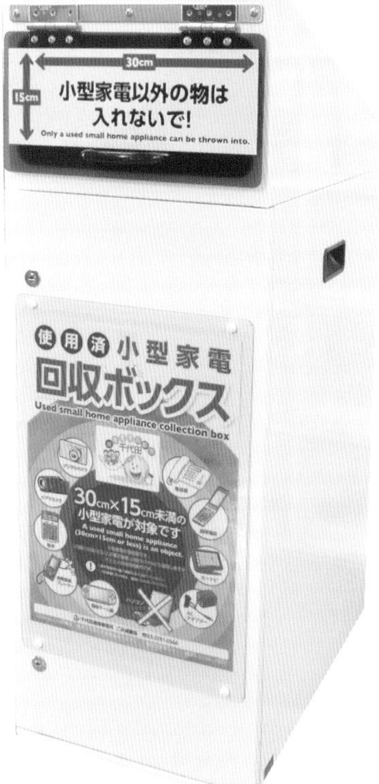

千代田区の小型家電回収ボックス。携帯電話やカメラなどには、くり返し使える金属や、体によくない金属がふくまれるため、すて方に決まりがある。市や町では、回収するための窓口やボックスを用意している。

資源ごみを分別して出しているようす。市や町によって、分別のしかたはちがう。

●ペットボトルのリサイクル

ペットボトルは、キャップやラベルをはずし、中身をきれいに出してから回収場所へ出します。リサイクルのための工場で、ぎゅっとつぶされて、かたまりになります。さらに、フレークとよばれる細かいかけらにされ、服やプラスチック製品などの材料になります。

かたまりになったペットボトルが、細かくするための工場に送られる。

細かいフレークにされる。

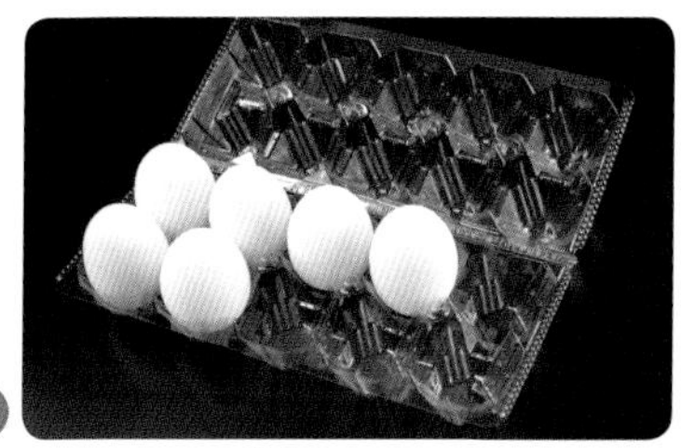

フレークを材料につくられたたまごのパック、ネクタイ、かばん。

知ってる？ ペットボトルからペットボトルをつくる

ボトル・トゥー・ボトルの方法でリサイクルされたペットボトルを利用した商品。

ボトル・トゥー・ボトルでつくられたペットボトルにつけられているマーク。

最近、ペットボトルのリサイクルが進化しています。回収したペットボトルをとかしたり、細かくくだいたりしたあとで、ふたたびペットボトルをつくります。このようなペットボトルのリサイクルを、ボトル・トゥー・ボトルといいます。

とかす方法は、日本で開発されました。

4 ごみをもっとへらすために

●プラスチック製容器包装のリサイクル

店で売られている商品の多くは、プラスチックでできたもので包まれています。これらは、とかしたあとに細かいかけらにして、新しいプラスチック製品にします。かためて発電所などで使う燃料にすることもあります。

集められたプラスチック製容器包装は、ひどいよごれや油がついて再利用できないものを、手作業で取りのぞいていく。

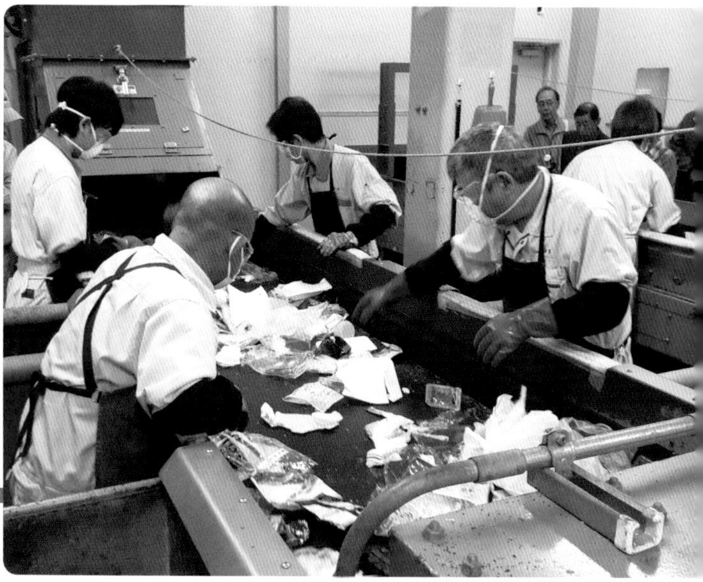

機械でぎゅっとつぶして、かたまりにする。

ペレットとよばれる、細かいかけらにする。

ふたたび、ペレットからプラスチック製品がつくられる。

●ガラスびんのリサイクル

ガラスびんには、何度も使えるリターナブルびんと、一度しか使わないワンウェイびんがあります。リターナブルびんは、お店などが集め、工場できれいにしてからもう一度使います。ワンウェイびんはカレット工場で細かくくだき、ガラスびんや建物・道路の材料などに使います。

ワンウェイびんは、びんの色ごとに細かくくだいてカレットというものにする。右の写真は、カレットからつくった家のかべやゆかに使う材料で、冬もあたたかくすごせる。

リターナブルびんには、Rマークがついている。これらは、きれいにあらってから、そのまま再利用する。

●かんのリサイクル

かんには、アルミ製のものと、鉄を加工したスチール製のものがあります。リサイクルセンターでは、磁石を使ってスチール製のかんとアルミ製のかんを分けます。どちらもつぶしてから工場へ運ばれ、とかされたのち、新しい金属製品に生まれ変わります。

アルミかん

機械でぎゅっとつぶされたアルミかんのかたまり。ふたたび、アルミとして使われる。大部分は、またアルミかんになる。

スチールかん

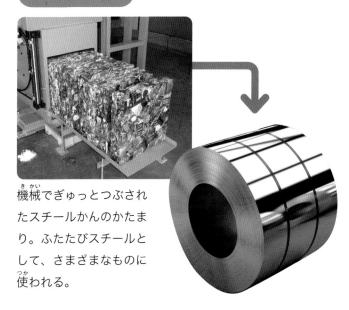

機械でぎゅっとつぶされたスチールかんのかたまり。ふたたびスチールとして、さまざまなものに使われる。

●古紙のリサイクル

古紙は、種類ごとにまとめられます。そして製紙工場に送られ、紙の材料になります。リサイクルされた紙は、トイレットペーパーやだんボール、ボール紙などに利用されています。

牛乳パック

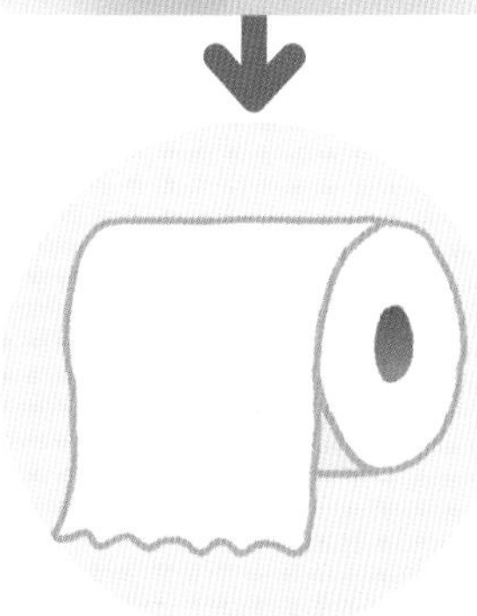

牛乳パックからつくられたトイレットペーパー。

新聞・ざっし

新聞紙は新聞紙に、ざっしは菓子箱などになる。

だんボール

だんボールは、ほとんどがふたたびだんボールになる。

いろいろなものが、
むだにならないように
リサイクルされて
いるんだね。

4 ごみをもっとへらすために

わたしたちにできること

ごみをへらすために、わたしたちにもできる取り組みとして、3Rがあります。3Rは、リデュース、リユース、リサイクルという3つのことばの英語の頭文字をとったものです。

リデュース（へらす）

リデュースは、ごみをへらすことです。いらないものを買わない、プラスチックやビニールなどの包みが少ない商品を買う、買い物のときに自分のバッグを持っていく、ものを大切に使うなどの方法があります。

買い物のときに、自分のバッグを使う。

自分の水筒を持ち歩いて、ペットボトル製品を買わない。

リユース（くり返し使う）

リユースは、ものをくり返し使うことです。何度も使えばごみをへらせます。リユースには、何度も使えるびん（34ページ→）や食器を利用する、リサイクルショップにあるものを買うなどの方法があります。

杉並区にあるリサイクルひろば高井戸。もう一度使える品を集めて、安く売っている。

リサイクル（再利用する）

リサイクルは、使ったものを材料にもどして、新しい製品をつくることなどです。材料ごとにしっかりと分別して出すことが、リサイクルへの協力につながります。

古布からつくられた糸と、その糸でつくられたリサイクル軍手。

食品ロスを考えよう

まだ食べられるのに、すてられてしまった食品を、食品ロスといいます。おもな食品ロスには、店や家で古くなってすてられた食品や、食べ残されてすてられた食品などがあります。日本人ひとりが１年にすてている食品は、51kgといわれています。この食品ロスをへらせば、ごみがへり、資源を大切にすることにもつながります。

日本では、たくさんの
食べ物がすてられているけど、
世界には、食べ物が
足りない人がたくさんいるよ。
その人たちのために、世界中から
食料が送られているんだ。

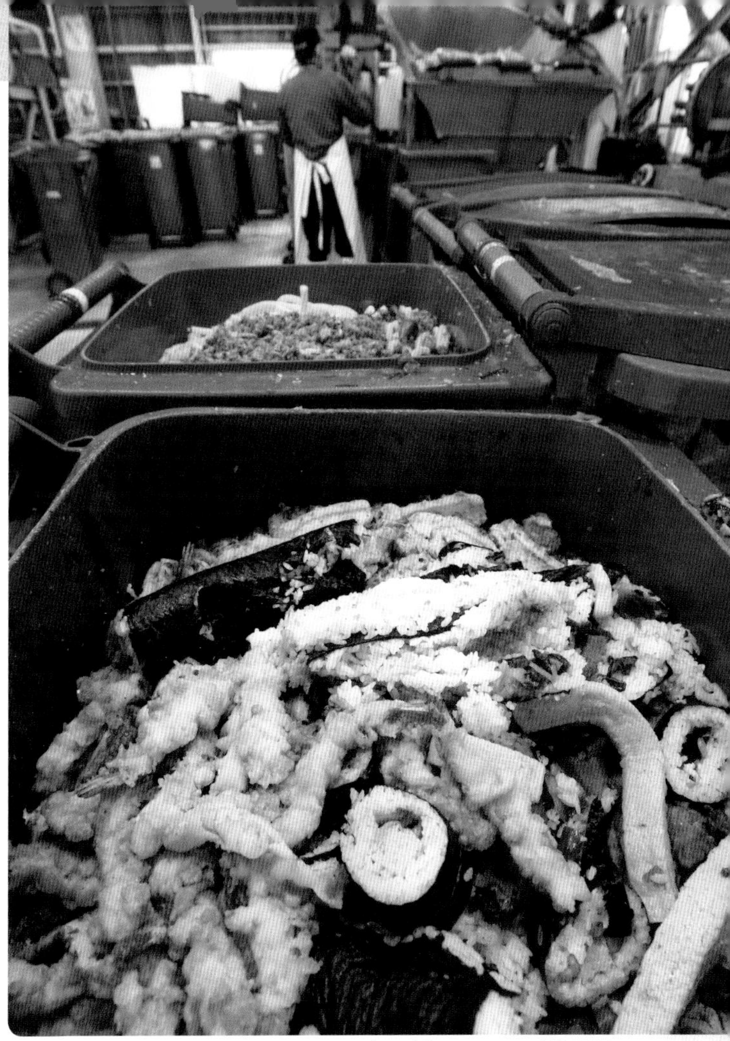

売れずにすてられた、たくさんの食べ物。 写真：アフロ

考えよう！ ごみ処理にかかるお金の話

東京都東久留米市が決めたごみぶくろ。ごみぶくろを買うことで、処理のお金をはらうことになる。

ごみを安全に処理するには、たくさんのお金がかかります。市や町がおこなうごみ処理には、住民が市や町にはらっている「税金」が使われています。ごみがふえれば、ごみ処理に手間がかかるようになり、必要な税金もふえてしまいます。

そこで、一部の市町村では、決まったごみぶくろを住民に買ってもらい、それを使ってごみを出すしくみを取りいれています。これによって、ごみの量がとてもへったまちもあります。

さくいん

＊コピーしてみんなで使ってね。

清掃工場を見学しよう！

年　　組　　番

名前

清掃工場には、どんな場所があって、はたらく人はどんな仕事をしているかな？
気になる場所について、書いてみましょう。

どの仕事の人にお話を聞いたかな？

係　　　　　さん

見学して、気づいたことやぎもんに思ったことを書こう。

指導	新宅直人（東京都杉並区立天沼小学校教諭）
装丁・本文デザイン	倉科明敏（T. デザイン室）
企画・編集	渡部のり子・増田秀彰（小峰書店） 常松心平・鬼塚夏海・飯沼基子（オフィス 303）
文	山内ススム
写真	平井伸造
キャラクターイラスト	すがのやすのり
イラスト	みさわめぐみ・西村真希子 / イラストメーカーズ
取材協力	東京二十三区清掃一部事務組合、杉並清掃工場
地図協力	株式会社 ONE COMPATH、インクリメント P 株式会社
写真協力	東京二十三区清掃一部事務組合、東京都環境公社、東京都環境局、杉並区、名古屋市環境局、千代田区、株式会社フジテックス、ナカノ株式会社、PET ボトルリサイクル推進協議会、ガラスびん３R 促進協議会、東久留米市、日本コカ・コーラ株式会社、JFE プラリソース株式会社、豊田市環境学習施設 eco-T（エコット）、硝子繊維協会、PIXTA

調べよう！ わたしたちのまちの施設 ③

清掃工場とリサイクル

2020 年 4 月 7 日　第 1 刷発行
2024 年 7 月 20 日　第 2 刷発行

発 行 者　小峰広一郎
発 行 所　株式会社小峰書店
〒 162-0066 東京都新宿区市谷台町 4-15
TEL 03-3357-3521　FAX 03-3357-1027
https://www.komineshoten.co.jp/
印刷・製本　TOPPANクロレ株式会社

NDC518　39p　29×23cm　ISBN978-4-338-33203-3